VOLKER DIERSCHKE

Basic

Greifvögel & Eulen

52 ARTEN einfach und sicher erkennen

KOSMOS

Schnell zur richtigen Art mit dem **KOSMOS-FARBCODE**

MIT DEM KOSMOS-FARBCODE findest du dich ganz leicht in diesem Naturführer zurecht. Zwar zeigt sich – wie in der gesamten Vogelwelt – auch bei den Eulen, Greifvögeln und Falken eine Vielfalt von Farben, Formen und Größen, doch der Farbcode hilft dir bei der Bestimmung auf den richtigen Weg. Jede Farbe steht für eine Gruppe vom Typus her ähnlicher Vogelarten – Eulen, Greifvögel und Falken. Die Greifvögel sind in weitere Untergruppen unterteilt, diese findest du auf der Orientierungsseite zu Beginn der Gruppe. Bei den Eulen und bei den Falken stehen auf der jeweiligen Orientierungsseite wichtige Informationen zu Bestimmungsmerkmalen, Verhalten und Lebensweise. Die Beschriftungen in den Bildern weisen dich bei allen Arten auf die wichtigsten Merkmale hin. Auch die Beschreibung der Lautäußerungen sowie Infos zu Nahrungssuche und Brut können aufschlussreich sein.

SEITE 4 BIS 23

Eulen

Eulen sind überwiegend in der Dämmerung und nachts aktiv. → Sie haben breite, rund endende Flügel. Am dicken Kopf sitzen große, nach vorn gerichtete Augen. Die befiederten Beine enden in Zehen mit kräftigen Krallen.

KURZINFO
Der Farbbalken hilft bei der Navigation durch das Buch

SEITE 24 BIS 73

Greifvögel

In dieser Gruppe sind kräftig gebaute, tagaktive Arten mit breiten, am Ende gerundeten Flügeln zusammengefasst. → Sie haben einen relativ kleinen Kopf mit oft dickem Hakenschnabel, die Augen sitzen an den Seiten des Kopfes. Oft kreisen sie hoch am Himmel.

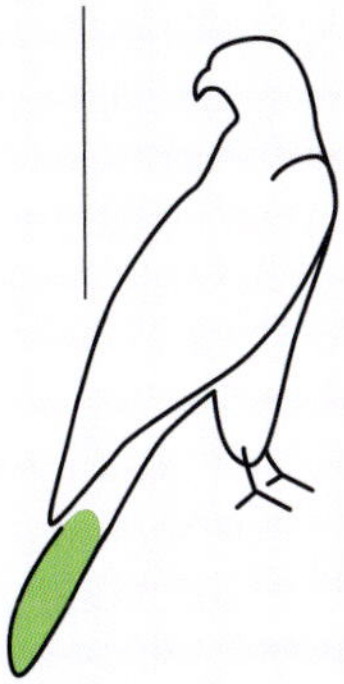

SEITE 74 BIS 89

Falken

Falken sind schlanke Vögel mit spitzen, schmalen Flügeln und langem Schwanz. Dies ermöglicht ihnen einen wendigen, elegant wirkenden Flug. → Am rundlichen Kopf befindet sich ein recht kurzer Hakenschnabel.

EULEN
schneller bestimmen

Eulen erkennst du gut an ihrem Körperbau und den auffallenden Augen.

↓

Die meisten Eulenarten sind nachtaktiv. Du bekommst sie also nicht so leicht zu Gesicht. Deshalb ist es hilfreich, ihre Rufe zu lernen, um sie so zu identifizieren.

↓

Weitere wichtige Merkmale sind Musterungen im Gefieder oder die Augenfarbe.

Rufe

Schon ab Januar/Februar und in der anschließenden Brutzeit machen Eulen durch ihre nächtlichen Rufe auf sich aufmerksam.
→ Eine große Sammlung von Tonaufnahmen ist bei www.xeno-canto.org frei zugänglich.

Aktivitätszeit

Die meisten Eulen sind nachts aktiv, tagsüber ruhen sie meist in Baumhöhlen oder im dichten Geäst von Bäumen. Aufgescheucht kann jede Eule auch bei Tag fliegen.
→ Regelmäßig bei Tageslicht begeben sich aber nur Steinkauz, Sumpfohreule, Schneeeule und Sperbereule auf Nahrungssuche.

Muster

Bei fast alle Eulenarten dominieren im Gefieder Brauntöne.
⟶ Beim Bestimmen ist auf Muster durch Streifen, Strichel und Punkte zu achten.

Federohren

Einige Arten haben „Federohren“ unterschiedlicher Länge und Ausrichtung. Sie haben aber nichts mit dem Gehörsinn zu tun.
⟶ Diese Federbüschel können dir bei der Bestimmung helfen.

Augen

Eulen haben auffällig große Augen. Ihre Farbe kann dir dabei helfen, die Art zu erkennen.

Herzförmiges Gesicht mit dunklen Augen →

Schleiereule

Tyto alba

Länge 33–39 cm, Flügelspannweite 80–95 cm
Stimme Nachts lang gezogenes, heiseres Kreischen sowie fauchende Rufe.
Nahrung Fast ausschließlich kleine Säugetiere, darunter v. a. Feldmäuse, aber auch andere Mäuse, Spitzmäuse und Ratten. Vereinzelt werden auch kleine Vögel und Frösche gefressen.
Vorkommen Jahresvogel in Dörfern, brütet in Dachböden, Scheunen und Kirchtürmen, gern werden dort spezielle Nistkästen angenommen. Nahrungssuche zumeist in der umliegenden Agrarlandschaft.

Schleiereulen kommen auf allen 5 Kontinenten vor und sind damit die am weitesten verbreiteten Eulen. Inzwischen werden Schleiereulen in Amerika und in Südostasien/Aus-

Unterflügel hell, ohne auffällige Zeichnung

tralien als eigenständige Arten betrachtet. Hinsichtlich der Form von Kopf und Gesicht sind sich alle sehr ähnlich, doch gibt es in Europa verschiedene Färbungsvarianten: Die Unterseite ist in Mittel- und Osteuropa bräunlich orange, sonst eher weiß. Die Bestände der Schleiereule können in Abhängigkeit vom Nahrungsangebot stark schwanken. Gibt es viele Mäuse, brüten sie bis zu dreimal im Jahr mit Gelegen von bis zu 13 Eiern. Fehlen Mäuse, fällt die Brut mitunter ganz aus. In schneereichen Wintern verhungern viele Schleiereulen, weil sie ihre Beute unter dem Schnee nicht erreichen können.

TYPISCH Schleiereulen sind rein nachtaktiv. Sie verlassen ihren Tagessitzplatz bzw. ihre Nisthöhle nur bei völliger Dunkelheit und sind nur selten bei Tageslicht zu sehen.

Ruhen tagsüber gut getarnt in Baumhöhlen →

Waldkauz

Strix aluco

Länge 37–43 cm, Flügelspannweite 81–96 cm
Stimme Gesang mit heller, heulender Stimme „hu-huhuhu-huuu". Ruft schrill „kju-wick".
Nahrung Frisst überwiegend Mäuse und andere Kleinsäuger bis zur Größe von Eichhörnchen, aber auch kleine Vögel und Amphibien.
Vorkommen Jahresvogel in fast ganz Europa, der in Laub- und Mischwäldern und anderen Gehölzen lebt, nachts aber auch in offenem Gelände jagt. In Städten bewohnt der Waldkauz Parks und Friedhöfe.

Da Waldkäuze nur im Dunkeln aktiv sind, fallen sie am ehesten durch ihren weit hörbaren Gesang auf, der sowohl im Herbst als auch im zeitigen Frühjahr zu hören ist. Waldkäuze brüten in großen Baumhöhlen, auch in speziellen

Jungvögel im Dunenkleid

Nistkästen. Mit der Ablage der meist 3–5 Eier beginnen sie manchmal schon im Februar. Nach vierwöchiger Bebrütung schlüpfen die Jungvögel, die weitere 4 Wochen später als „Ästlinge“ frei in Bäumen oder am Boden sitzen. Dort werden sie von den Eltern noch weitere 2 Monate gefüttert. Bei den dafür notwendigen Nahrungsflügen entfernen sich die Altvögel bis zu 3 km vom Nest.

→ TYPISCH Bei ähnlichem Grundmuster kommen beim Waldkauz 3 Färbungsvarianten vor: Das Gefieder kann bräunlich, rötlich oder gräulich gefärbt sein. Die Häufigkeit der Varianten unterscheidet sich regional.

Bussardähnlicher Flug →

Habichtskauz

Strix uralensis

Länge 50–59 cm, Flügelspannweite 103–124 cm
Stimme Männchen mit tief gurrendem, rhythmischem Gesang aus 7 Silben. Weibchen mit krächzenden Rufen.
Nahrung In erster Linie Mäuse, seltener Vögel und Amphibien.
Vorkommen Jahresvogel in Nordosteuropa sowie in Gebirgen Südosteuropas (eingebürgert auch im Bayerischen Wald). Bevorzugt Wälder mit Altholz, die an zur Jagd geeignete Freiflächen grenzen.

→ TYPISCH Ihren Nachwuchs, den sie in Baumhöhlen oder alten Greifvogelnestern aufziehen, verteidigen Habichtskäuze heftig. Vermeintliche Feinde wie Wanderer oder große Säugetiere werden angegriffen und mit Krallen und Schnabel traktiert.

Bartkauz

Strix nebulosa

Länge 59–68 cm, Flügelspannweite 128–148 cm
Stimme Männchen ruft Reihen dumpfer „ho“-Laute, Weibchen mit miauenden Rufen.
Nahrung Fast ausschließlich Mäuse, auch andere Säugetiere bis Hasengröße und Vögel.
Vorkommen Jahresvogel in Nordschweden, Finnland, Weißrussland und Nordrussland. Lebt in dichten Nadelwäldern mit Lichtungen.

→ TYPISCH Bartkäuze brüten in alten Greifvogelnestern oder in hohlen Baumstümpfen. Die meist 4 oder 5 Jungvögel können zwar schon 5 Wochen nach dem Schlüpfen fliegen, werden aber noch weitere 15 Wochen von den Eltern betreut, bis sie selbst ausreichend Beute machen können.

Raufußkauz lugt aus seiner Bruthöhle →

Raufußkauz

Aegolius funereus

Länge 22–27 cm, Flügelspannweite 50–62 cm
Stimme Singt eine in der Tonhöhe leicht ansteigende Serie aus 5–8 tiefen Pfeiftönen.
Nahrung Ernährt sich von Mäusen und Vögeln (bis Drosselgröße).
Vorkommen Ganzjährig in Misch- und Nadelwäldern Nordeuropas, in Mittel- und Osteuropa v. a. in Mittelgebirgen.

→ TYPISCH Raufußkäuze brüten in Baumhöhlen, gern in von Schwarzspechten gezimmerten Höhlen oder in Nistkästen, die mit Metallmanschetten vor Mardern geschützt sind. Die Männchen bleiben ihrem Brutrevier über Jahre treu. Weibchen streifen oft weiträumig umher und verpaaren sich dort mit einem Männchen, wo sie ein ansprechendes Nahrungsangebot vorfinden.

Scheitel weiß gesprenkelt →

Sperlingskauz

Glaucidium passerinum

Länge 16–19 cm, Flügelspannweite 32–39 cm
Stimme Männchen singen Serien weicher „djü“-Laute, auch rhythmisch „djü-düdü“. Weibchen ähnlich, aber gackernder.
Nahrung Zur Brutzeit v. a. Mäuse, im Winter oft Finken und Meisen.
Vorkommen Jahresvogel in Nadel- und Mischwäldern Nord- und Mitteleuropas, meist im Bergland.

→ TYPISCH Sperlingskäuze sind v. a. in der Morgen- und Abenddämmerung aktiv und jagen gern von erhöhten Sitzwarten aus. Sie brüten am liebsten in vom Buntspecht gezimmerten Baumhöhlen. Pro Jahr ziehen sie 5-7 Jungvögel auf. Die Nahrung wird vom Männchen herangeschafft, an das Weibchen übergeben und erst dann verfüttert.

Jagt häufig am Tag →

Steinkauz

Athene noctua

Länge 23–27 cm, Flügelspannweite 50–57 cm
Stimme Bis zu 40 verschiedene Rufe, darunter ansteigende Reihe gedehnter Töne als Gesang.
Nahrung Neben Mäusen, Kleinvögeln und Fröschen sind Regenwürmer besonders beliebte Beutetiere.
Vorkommen Jahresvogel in den meisten Regionen Europas, fehlt in Skandinavien. Lebt in offener, abwechslungsreicher Landschaft mit Baumreihen, gebietsweise auch in Siedlungen.

→ TYPISCH Steinkäuze brüten in Felshöhlen, Gebäudenischen oder Baumhöhlen, oft in Kopfweiden und Obstbäumen. Sie nehmen gern spezielle Niströhren mit Schutz vor Mardern an. Die Jagd findet auch am Tag statt, oft von Zaunpfählen aus.

Jagt nur bei völliger Dunkelheit →

Zwergohreule

Otus scops

Länge 19–21 cm, Flügelspannweite 47–54 cm
Stimme Gesang aus monotoner Reihe kurzer, tiefer Pfeiftöne.
Nahrung Mäuse und große Insekten.
Vorkommen Brutvogel in Südeuropa, selten weiter nördlich. Überwintert südlich der Sahara in Afrika, wenige bleiben in Südeuropa. Bewohnt Baumbestände in trockener Landschaft, fehlt in geschlossenen Wäldern.

→ TYPISCH Zwergohreulen brüten in Baumhöhlen oder in Fels- und Mauernischen, sehr gern auch in Nistkästen. Pro Jahr ziehen sie 3–5 Junge auf. Sie sind nachtaktiv und ruhen tagsüber in Bäumen, wo sie dank ihres borkenfarbigen Gefieders bestens getarnt sind.

Kurze „Federohren“, werden oft angelegt

Sumpfohreule

Asio flammeus

Länge 33–40 cm, Flügelspannweite 95–105 cm
Stimme Singt im Flug tief und dumpf „po-po-po-po-…“, bis zu zwanzigmal wiederholt und oft von Flügelklatschen begleitet.
Nahrung Frisst überwiegend Mäuse, gelegentlich auch Vögel.
Vorkommen Brütet v. a. in der Nordhälfte Europas, weiter südlich nur lokal. Zugvogel mit Überwinterung in Mittel- und Südeuropa. Lebt ausschließlich in offener Landschaft wie Heiden, Mooren, Dünen und Wiesen.

Im Flug sehen sich Sumpf- und Waldohreulen sehr ähnlich. Da die „Federohren“ und oft auch die Augenfarbe nicht erkennbar sind, ist für die Bestimmung die Flügelzeichnung wichtig. Bei der Sumpfohreule sind die Flügel heller und kontrastreicher gemustert als bei der Waldohreule, auf der

↑ Typisch: schwarze „Maske“, gelbe Augen, grob gemusterte Oberseite

Unterseite der Flügelspitzen sind 2–3 breite schwarze Binden zu sehen. Wichtige Kennzeichen sind auch der weiße Hinterrand auf der Flügeloberseite sowie der weiße, nicht gestrichelte Bauch. Wenn sie nicht auf Nahrungssuche sind, sitzen Sumpfohreulen häufig geduckt am Boden oder sogar in Senken und sind daher schwer zu entdecken. Auch das Nest befindet sich am Boden, gut versteckt zwischen Grasbüscheln.

→ TYPISCH Häufiger als andere Eulen sind Sumpfohreulen auch am Tage bei der Jagd zu sehen. Dabei fliegen sie entweder in weihenartigem Suchflug in geringer Höhe oder halten von Zaunpfählen aus nach Mäusen und Kleinvögeln Ausschau.

Lange „Federohren“ (oft angelegt) ⟶

Waldohreule

Asio otus

Länge 31–37 cm, Flügelspannweite 86–98 cm
Stimme Singt dumpfe „hu“-Laute im Abstand von 2–3 Sekunden, außerdem Balzflug mit Flügelklatschen. Warnrufe heiser „kwäck-kwäck-kwäck“.
Nahrung Hauptsächlich Mäuse, zu kleineren Anteilen auch Singvögel wie Sperlinge oder Finken.
Vorkommen Nistet in Wäldern, Feldgehölzen, Parks und großen Gärten, jagt aber in der offenen Landschaft. Brütet in fast ganz Europa. In Nordeuropa Zugvogel, sonst ganzjährig.

Die Aktivitätsphase von Waldohreulen umfasst die ganze Nacht samt der Abend- und Morgendämmerung. Für die Fortpflanzung benutzen sie Krähen- und Greifvogelnester, in die sie 3–5 Eier, bei gutem Mäuseangebot aber auch

↑ „Ästling" im Dunenkleid

↑ Zahlreiche Gewölle unter Schlafbäumen

bis zu 8 Eier legen. Das vierwöchige Ausbrüten der Eier ist allein Sache des Weibchens, gefüttert werden die Jungvögel aber von beiden Elternteilen. Nach etwa 3 Wochen verlassen die noch im Dunenkleid befindlichen, flugunfähigen Jungvögel das Nest und klettern als „Ästlinge" im Nistbaum umher. Durch klagendes Fiepen machen sie die ganze Nacht hindurch auf sich aufmerksam.

→ TYPISCH Im Winter verbringen Waldohreulen den Tag an gemeinschaftlichen Schlafplätzen, meist in Nadelbäumen. Dort sind sie zwar oft schwer zu sehen, verraten ihre Anwesenheit aber durch Kotspritzer und zahlreiche Gewölle mit Nahrungsresten unter dem Baum.

„Federohren“ meist seitwärts gehalten ⟶

Uhu

Bubo bubo

Länge 59–73 cm, Flügelspannweite 138–170 cm
Stimme Das Männchen ruft tief und dumpf „u-hu“ (Betonung auf 1. Silbe), das Weibchen etwas höher und rauer.
Nahrung Sehr vielseitig, oft großer Anteil von Mäusen und Ratten. Zur Beute gehören auch größere Säugetiere wie Igel und Kaninchen, ferner Vögel wie Tauben und Krähen, seltener Frösche und Fische.
Vorkommen Jahresvogel in weiten Teilen Europas, fehlt streckenweise in Mittel- und Westeuropa. Bevorzugt abwechslungsreiche Landschaft mit Bäumen oder Felswänden (auch große Gebäude) als Nistplatz.

Aufgrund starker Verfolgung war der Uhu im 20. Jahrhundert aus vielen Teilen des heutigen Verbreitungsgebiets verschwunden. Schutzmaßnahmen wie Nestbewachung

↑ Kraftvoller Flug

und Nachzucht haben jedoch zur Erholung des Bestands geführt. Heute kommen viele Uhus durch Anflug an Freileitungen oder im Straßen- und Schienenverkehr ums Leben, auch die illegale Bejagung hat wieder zugenommen. Weitere Gefährdungsursachen sind Störungen an Brutplätzen und ein verschlechtertes Nahrungsangebot durch intensive Landwirtschaft.

TYPISCH **Die Rufe des Männchens dienen der Revierabgrenzung und sind bis zu 4 km weit zu hören. Während der Jungenaufzucht können sich Uhus bis zu 5 km vom Nest entfernen, die Streifgebiete benachbarter Paare können sich überschneiden.**

Adulte Männchen sind fast reinweiß →

Schneeeule

Bubo scandiacus

Länge 53–65 cm, Flügelspannweite 125–150 cm
Stimme Ruft tief und weit hörbar „gäh".
Nahrung Im Brutgebiet fast nur Lemminge, ansonsten auch andere Kleinsäuger sowie Vögel.
Vorkommen Brütet in der Tundra Nordsibiriens, nur in manchen Jahren auch in Skandinavien. Einzelne Vögel gelangen fast alljährlich nach Mittel- und Westeuropa.

→ TYPISCH Die Schneeeule brütet offen auf dem Boden, gern auf leichten Anhöhen und zwischen kleinen Felsen. Sie verteidigt das Nest so heftig gegen Polarfüchse, dass sich Ringelgänse in ihren Schutz begeben und sich in ihrer Nähe ansiedeln. Es werden durchschnittlich 2–3 Jungvögel aufgezogen, bei schlechtem Nahrungsangebot kann die Brut aber ganz ausfallen.

Sperberähnliche Flugsilhouette →

Sperbereule

Surnia ulula

Länge 35–43 cm, Flügelspannweite 69–82 cm
Stimme Gesang aus 5–8 tiefen Pfeiftönen.
Nahrung Mäuse und Kleinvögel.
Vorkommen Bewohnt ganzjährig Wälder oder Gehölze nahe offener Landschaft in Skandinavien und Nordrussland. In Jahren mit schlechtem Nahrungsangebot weichen einige Sperbereulen bis ins nördliche Mitteleuropa aus.

→ **TYPISCH** **Sperbereulen gehören zu den wenigen Eulen, die auch am Tag ausgiebig jagen. Von Baumspitzen aus orten sie ihre Beute mit feinem Gehör und scharfem Blick und greifen sie dann nach schnellem, gezieltem Flug. Die Brut findet in Baumhöhlen und Nistkästen statt, mitunter auch in alten Krähen- oder Greifvogelnestern.**

GREIFVÖGEL
schneller bestimmen

Greifvögel lassen sich in Milane, Weihen, Habichte, Geier, Adler und Bussarde unterteilen.

↓

Prüfe zu welcher Gruppe der Greifvogel gehört, den du bestimmen möchtest.

↓

Die Art kannst du nun anhand von Körperbau, Form und Länge von Flügeln und Schwanz sowie der Flug- und Lebensweise bestimmen.

AB SEITE 26

Geier

Sehr große Greifvögel mit langen Flügeln. Aasfresser, manche mit nackten Hautpartien. Oft hoch kreisend.

AB SEITE 31

Adler

Sehr große bis große Greifvögel, die meisten mit breiten, runden Flügeln und sehr kräftigem Schnabel. Oft hoch kreisend.

AB SEITE 49

Bussarde

Mittelgroße Greifvögel mit breiten, runden Flügeln und rundlich endendem Schwanz. Oft hoch kreisend.

AB SEITE 56

Milane

Mittelgroße Greifvögel mit langem, gegabeltem Schwanz und langen Flügeln.

AB SEITE 60

Weihen

Kleine bis mittelgroße, sehr schlanke Greifvögel mit schmalen Flügeln. Niedriger, gaukelnder Flug mit V-förmig aufgestellten Flügeln.

AB SEITE 68

Habichte

Kleine bis mittelgroße Greifvögel mit langem Schwanz und rund endenden Flügeln. Niedrige, rasante Verfolgungsflüge zur Erbeutung kleiner Vögel.

Gleichmäßig breite Flügel mit langen „Fingern", kleiner Kopf →

Mönchsgeier

Aegypius monachus

Länge 100–115 cm, Flügelspannweite 250–285 cm
Stimme Grunzende Laute.
Nahrung Aas, gelegentlich Fang kleiner Säugetiere.
Vorkommen Lebt in wenigen Gebieten Spaniens (auch Mallorca) und Südosteuropas, v. a. in trockenem, felsigem Bergland.

→ TYPISCH **Anders als Gänsegeier suchen Mönchsgeier ihre Nahrung in niedrigem Flug meist einzeln und nicht zu mehreren. Sie brüten auch nicht in Kolonien und bauen ihr Nest nicht auf Felsen, sondern in Bäumen. Die Fortpflanzungsperiode ist von langer Dauer: Nach sieben- bis achtwöchiger Bebrütung schlüpft der Jungvogel, der die ersten 4 Monate im Nest verbringt und auch anschließend noch von den Eltern mit Futter versorgt wird.**

Flügel zweifarbig, Hinterrand leicht geschwungen

Gänsegeier

Gyps fulvus

Länge 95–110 cm, Flügelspannweite 230–265 cm
Stimme Zischende, keckernde und grunzende Laute.
Nahrung Ausschließlich Aas.
Vorkommen Bewohnt bergige Regionen Südeuropas, selten auch in den Alpen. Jüngere Vögel können weiträumig umherstreifen (bis Norddeutschland).

→ TYPISCH Gänsegeier nutzen thermische Aufwinde, um bis zu 3000 m hoch aufzusteigen – fast ohne Flügelschlag. Aus großer Höhe suchen sie riesige Gebiete nach Tierkadavern ab. Ist ein solcher entdeckt, folgen die Vögel einander und fressen schließlich gemeinsam vom Aas. Gebrütet wird oft in lockeren Kolonien. Die Nester werden in Nischen und auf Absätzen in Felswänden gebaut.

Jungvögel dunkler mit schwärzlichem Kopf →

Bartgeier

Gypaetus barbatus

Länge 105–125 cm, Flügelspannweite 235–285 cm
Stimme Pfeifende und trillernde Laute.
Nahrung Kadaver von Säugetieren, Vögeln und Schildkröten.
Vorkommen Lebt in wenigen felsigen Gebieten Südeuropas, meist im Hochgebirge. Wiedereinbürgerungsprojekte in den Alpen. Bartgeier bauen ihre Nester in steilen, unzugänglichen Felswänden.

Auf der Suche nach Tierkadavern segeln Bartgeier oft stundenlang durch die Lüfte. Ihr Aktionsraum ist oft über 300 km^2 groß. Sie fressen nicht nur das Fleisch der toten Tiere, sondern auch das Knochenmark. Um an dieses zu gelangen, lassen sie Knochen aus großer Höhe auf felsigen Untergrund fallen. Auf diese Weise gelingt es ihnen auch,

↑ Altvogel: Flügel schmal, spitz, Schwanz lang und keilförmig

Schildkrötenpanzer zu knacken. Durch Abschuss und Vergiftung sind Bartgeier gegen Ende des 19. und zu Beginn des 20. Jahrhunderts in vielen Gebieten Europas ausgerottet worden. Seit 1986 werden in Volieren gezüchtete Bartgeier in verschiedenen Teilen der Alpen ausgewildert. Mit Erfolg, denn seit 1997 brüteten zunächst einzelne, zuletzt aber schon mehr als 30 Paare.

→ TYPISCH Bartgeier bauen riesige Nester. Sie bestehen aus etwa 1 m hohen und 2 m breiten Haufen aus Ästen und Knüppeln, die Mulde ist mit Heu, Wolle und Federn gepolstert. Pro Jahr kann ein Paar nur einen Jungvogel aufziehen.

Unterflügel schwarz-weiß, Schwanz keilförmig →

Schmutzgeier

Neophron percnopterus

Länge 55–65 cm, Flügelspannweite 155–170 cm
Stimme Meist stumm, gelegentlich zischende oder grunzende Laute.
Nahrung Frisst Aas und Kleintiere (auch Insekten), zudem Abfälle aller Art.
Vorkommen Brütet in vielen Bereichen des Mittelmeerraums, meist in Berggebieten. Überwintert in Afrika südlich der Sahara.

→ TYPISCH Schmutzgeier ernähren sich vielseitiger als die anderen europäischen Geierarten. Häufig bevölkern sie Müllkippen, um dort Fleischabfälle zu suchen. Sie gehören zu den wenigen Vogelarten mit Werkzeuggebrauch: Im afrikanischen Winterquartier öffnen sie Straußeneier mit gezielten Steinwürfen.

Jungvögel mit breitem, weißem Band über dem Unterflügel →

Steppenadler

Aquila nipalensis

Länge 62–74 cm, Flügelspannweite 165–190 cm
Stimme Ruft bellend „kiau-kiau".
Nahrung Kleine Säugetiere, stellenweise fast ausschließlich Ziesel. Auch Vögel, Reptilien und große Insekten.
Vorkommen Brütet vom Kaspischen Meer ostwärts in Steppen und Halbwüsten. Überwintert von Arabien bis Südafrika.

→ TYPISCH Steppenadler bauen ein sehr großes Nest in Bäumen oder Büschen, in besonders kargen Lebensräumen aber auch auf dem Boden. Je nach Nahrungsangebot schwankt der Bruterfolg von Jahr zu Jahr, häufig werden aber 2-3 Jungvögel flügge.

Gelber Schnabelwinkel reicht nur bis zur Augenmitte →

Schelladler

Clanga clanga

Länge 59–69 cm, Flügelspannweite 153–177 cm
Stimme Ruft bellend „kjak“, tiefer als Schreiadler.
Nahrung Hauptsächlich Kleinsäuger, aber auch Vögel bis zur Größe von Enten, ferner Reptilien und Amphibien.
Vorkommen Brütet in feuchten Wäldern in der Nachbarschaft von Wiesen und Mooren, meist im Flachland, seltener in den Bergen. Zieht nicht so weit wie der Schreiadler, sondern überwintert im Mittelmeerraum sowie in Arabien und Ostafrika.

Schelladler können leicht mit Schreiadlern verwechselt werden, sie sind aber durchschnittlich etwas größer, kompakter gebaut, nahezu einfarbig dunkelbraun und haben einen kräftigeren Schnabel. Die Flügel des Schelladlers sind gerader und sind stärker „gefingert“. Die Jungvögel zeigen

↑ Jungvogel: Oberseite kräftig hell gefleckt

↑ Altvogel: Auge dunkelbraun, Gefieder einfarbig dunkelbraun

zunächst viel mehr weiße Flecken und Punkte als Schreiadler, später aber nur noch diffuse Flecken. Auch Nahrung und Jagdweise ähneln dem Schreiadler. Schelladler unternehmen aber häufiger Suchflüge und jagen auch über dem Wasser. In Osteuropa, wo sich die Verbreitungsgebiete beider Arten überlappen, gibt es immer wieder Mischbruten, aus denen schwer bestimmbare Hybriden hervorgehen.

→ TYPISCH Schelladler brüten in Bäumen und bauen ein Nest aus Zweigen, das bis zu 1 m Durchmesser haben und 1 m hoch sein kann. Sie legen zwar 2 Eier, doch wird in der Regel nur ein Jungvogel groß, weil dieser sein Geschwister tötet (Kainismus).

Auge gelb, Schnabelwinkel kurz →

Schreiadler

Clanga pomarina

Länge 55–65 cm, Flügelspannweite 143–168 cm
Stimme Ruft hoch, jaulend „kjück" und lang gezogen pfeifend „wiiik".
Nahrung In erster Linie Mäuse und andere Kleinsäuger, zudem Vögel, Reptilien, Frösche und gelegentlich Insekten.
Vorkommen Brütet in bewaldeten Ebenen von Osteuropa westwärts bis Brandenburg und Mecklenburg-Vorpommern. Überwintert größtenteils südlich des Äquators in Afrika. Der Zug dorthin konzentriert sich im Herbst am Bosporus und im Frühjahr in Israel.

Schreiadler sind besonders durch illegalen Abschuss während ihres Zugs durch den Nahen Osten gefährdet. Für den kleinen Bestand in Nordostdeutschland mit nur 120 Brutpaaren kommt hinzu, dass die Intensivierung der Landwirt-

Altvogel: Oberseite hellbraun

schaft und der Umbruch von Grünland die Ernährungsbedingungen verschlechtern. Um den Bestand der Art zu sichern, müssen nicht nur die Nahrungsgebiete, sondern auch die zum Brüten genutzten Altholzbestände erhalten und vor Störungen geschützt werden. Da Verluste durch Kollisionen drohen, sollten Windenergieanlagen und Freileitungen aus den Brutgebieten ferngehalten werden.

→ TYPISCH Schreiadler suchen meist am Boden nach Nahrung, entweder zu Fuß oder von einem niedrigen Ansitz aus. Dabei entfernen sie sich zur Brutzeit nur 1–2 km vom Nest, während sich ihre Streifgebiete im afrikanischen Winterquartier über bis zu 25 000 km² ausdehnen können.

Auch im Flug ist der weiße Vorderrand des Flügels ein wichtiges Kennzeichen →

Iberienadler

Aquila adalberti

Länge 72–85 cm, Flügelspannweite 180–210 cm
Stimme Nasal bellende Rufreihen.
Nahrung Vor allem Kaninchen und andere kleine Säugetiere, ferner Vögel wie Gänse, Enten, Tauben und Elstern.
Vorkommen Lebt ganzjährig in dünn von Menschen besiedelter Waldlandschaft von Zentral- und Südspanien. Jungvögel streifen etwas umher und besuchen oft Nordwestafrika.

→ TYPISCH Mit nur etwa 500 Brutpaaren gehört der Iberienadler zu den seltensten Vogelarten weltweit. Nach Abnahme im 20. Jahrhundert befindet er sich derzeit wieder im Aufwind. Gefährlich sind für Iberienadler v. a. Freileitungen, an denen bis zu 80 % aller Jungvögel verunglücken.

Jungvogel mit heller Unterseite und weißlichem Feld im Handflügel →

Kaiseradler

Aquila heliaca

Länge 70–83 cm, Flügelspannweite 175–205 cm
Stimme Nasal bellende Rufreihen.
Nahrung Ziesel, Hamster, Hasen und andere Säugetiere, daneben Vögel wie Fasane und Tauben.
Vorkommen Brütet in Wäldern und Steppengebieten Ost- und Südosteuropas, mitunter auch in der Kulturlandschaft. Die meisten Kaiseradler überwintern im Nordosten Afrikas.

→ TYPISCH Altvögel sehen dem Iberienadler sehr ähnlich, aber es fehlt der weiße Flügelvorderrand. Durch die Umwandlung von Steppengebieten in Ackerland haben Kaiseradler erheblich an Lebensraum verloren, doch der europäische Bestand von weniger als 2000 Brutpaaren hat zuletzt wieder leicht zugenommen.

Relativ heller Kopf mit sehr kräftigem Schnabel →

Steinadler

Aquila chrysaetos

Länge 80–93 cm, Flügelspannweite 190–225 cm
Stimme Bussardähnliche Pfeiftöne und keckernde Rufreihen.
Nahrung Gebietsweise sehr unterschiedlich. In den Alpen z. B. Murmeltiere, junge Gämsen und Raufußhühner, andernorts auch Hasen, junge Rehe, Igel und verschiedene Vögel.
Vorkommen Lebt in Südeuropa, in den Alpen, in Schottland sowie in Nord- und Osteuropa. Bewohnt v. a. Gebirge, aber auch ausgedehnte Waldregionen. Meist Jahresvogel, in Nordeuropa auch Zugvogel.

Steinadlerpaare bleiben in der Regel für viele Jahre zusammen. Sie bauen mehrere Nester, die bis zu 2 m hoch und 3 m breit sein können. Im Gebirge befinden sich die

↑ Jungvogel: weißes Flügelfeld, Schwanz weiß mit schwarzer Endbinde

Nistplätze in steilen Felswänden, in Waldgebieten sind Steinadler Baumbrüter. Das Brutgeschäft dauert sehr lange, denn nach sechswöchiger Bebrütung des Geleges werden die Jungvögel 10–12 Wochen lang im Nest gefüttert. Während die meisten Paare pro Jahr nur einen Jungvogel aufziehen, fliegen aus manchen Nestern auch 2 Jungvögel aus, selten sind es sogar 3. Erst nach 4–5 Jahren werden die Jungadler geschlechtsreif und können selbst zur Brut schreiten.

→ TYPISCH Die weißen Gefiederpartien an Schwanz und Flügel werden von Jahr zu Jahr schrittweise kleiner, wodurch es viele Übergangsstadien zwischen Jugend- und Alterskleid gibt. Das vollständige Alterskleid wird erst im Alter von 6–7 Jahren erreicht.

Schlangen werden im Schnabel transportiert →

Schlangenadler

Circaetus gallicus

Länge 62–69 cm, Flügelspannweite 162–178 cm
Stimme Klangvoller Pfiff „kjüoo", einzeln oder gereiht.
Nahrung Neben kleinen Nagetieren und Amphibien ganz überwiegend Schlangen bis zu einer Länge von 150 cm.
Vorkommen Brutvogel im Mittelmeerraum und in Osteuropa (früher auch in Mitteleuropa), Überwinterung in der afrikanischen Sahelzone südlich der Sahara. Bewohnt v. a. offenes, hügeliges oder bergiges Waldland.

Schlangenadler bauen ihr Nest normalerweise in einer Baumkrone, seltener auch in einer Felswand. Sie legen pro Jahr nur ein Ei. Ein Jungvogel wird während seiner zehnwöchigen Nestlingszeit mit über 200 Schlangen gefüttert. Diese werden anders als bei anderen Greifvögeln im Schnabel zum Nest getragen. Keine andere europäische Greif-

Schwanz und Unterflügel gebändert

vogelart ist so auf Schlangen spezialisiert wie der Schlangenadler. Er benötigt daher strukturreiche Lebensräume, in denen Reptilien günstige Lebensbedingungen vorfinden. Im Zusammenhang mit der Intensivierung der Land- und Forstwirtschaft zog sich die Art vor etwa 100 Jahren aus Mitteleuropa zurück.

TYPISCH **Im Rüttelflug halten Schlangenadler Ausschau nach Beutetieren, bei günstigem Wind stehen sie sogar ohne Flügelschlag in der Luft. Beim „fallschirmartigen" Sturzflug sind die Flügel nicht ganz angelegt.**

Seeadler greifen Fische von der Wasseroberfläche

Seeadler

Haliaeetus albicilla

Länge 76–92 cm, Flügelspannweite 190–240 cm
Stimme Im Nestbereich schrill gackernde Rufreihen „kli-kli-kli-kli", sonst eher stumm.
Nahrung Fische, Wasservögel bis zur Größe von Gänsen, Säugetiere bis zur Größe von Rehen, auch Aas.
Vorkommen Seeadler besiedeln weite Teile Nord- und Osteuropas. Deutschland stellt die Westgrenze der Verbreitung dar, es gibt aber auch Vorkommen in Schottland. Bewohnt werden Küstenregionen und größere Binnengewässer.

Durch Abschuss und Belastung mit Umweltgiften haben die Bestände des Seeadlers bis weit ins 20. Jahrhundert hinein stark abgenommen. Schutzmaßnahmen wie die Bewachung von Nistplätzen und die Bestrafung von illegalen Abschüs-

Jungvogel: Schnabel gelb mit dunkler Spitze, Kopf und Hals dunkel, Schwanz dunkel

sen, aber auch die Reduzierung von Umweltgiften haben ab etwa 1980 zu einer Zunahme und Ausbreitung geführt, sodass die Art heute nicht mehr bedroht ist. Dennoch leiden Seeadler unter den Folgen der Zivilisation, denn sie kollidieren häufig mit Freileitungen und neuerdings auch mit Windenergieanlagen. Da sie zudem von Jägern erlegte Tiere verzehren, kommt es durch die Aufnahme bleihaltiger Munition immer wieder zu Vergiftungen, die für die Vögel oft tödlich enden.

→ TYPISCH Erst im Alter von 4 Jahren beginnen Seeadler zu brüten. Dann bleiben sich die Partner gegenseitig und dem Brutrevier über viele Jahre treu und können pro Jahr 1 oder 2 Jungvögel aufziehen.

Fischadler ruhen oft frei sitzend auf Ästen oder Pfählen →

Fischadler

Pandion haliaetus

Länge 52–60 cm, Flügelspannweite 152–167 cm
Stimme Bei der Flugbalz klagendes Pfeifen, bei Gefahr scharf „kjü-kjü-kjü".
Nahrung Fast ausschließlich Fische, bis zu 500 g schwere Exemplare.
Vorkommen Brütet in Nord- und Osteuropa an Süßwasserseen und an der Küste, im Mittelmeerraum nur in Küstennähe. Im August und September ziehen Fischadler über die Sahara hinweg in die südliche Hälfte Afrikas und kehren ab März zurück.

Ihrem Namen entsprechend ernähren sich Fischadler ausschließlich von Fisch. Nach ihrer Beute halten sie oft aus dem Rüttelflug heraus Ausschau. Gefangen werden Fische nach einem Sturzflug mit Eintauchen ins Wasser. Nicht bei

Altvogel: Unterseite weiß, Schwanz fein gebändert mit breiter Endbinde

allen Fischen schaffen es die Vögel, sie aus dem Wasser zu ziehen und zum Nest zu bringen. Zu große Beutefische haben gelegentlich Fischadler mit in die Tiefe gezogen. Zum Brüten bauen Fischadler große Nester in Baumkronen, mitunter aber auch auf Strommasten. Ihre Ansiedlung kann man mit Nisthilfen fördern.

→ TYPISCH Gegenüber Bussarden haben Fischadler längere, schmalere Flügel. Im Gleitflug wird der Flügelbug oft etwas vorgeschoben, sodass der Vorderflügel eckig wirkt. Auch werden die Handflügel etwas abwärts gehalten, sodass die Silhouette von vorn gesehen wie ein angedeutetes „M“ wirkt.

Dunkle Variante mit schwarzem Band auf dem Unterflügel →

Zwergadler

Hieraaetus pennatus

Länge 42–51 cm, Flügelspannweite 110–135 cm
Stimme Ruft schrill „klü-klü-klü-klü".
Nahrung Erbeutet Kaninchen, Mäuse, Eidechsen und Vögel bis Taubengröße.
Vorkommen Brütet in bewaldetem Hügel- oder Bergland in Ost- und Südeuropa. Zieht zum Überwintern über die Sahara hinweg nach Afrika, teilweise bis zur Südspitze des Kontinents.

Zwergadler sind ungefähr so groß wie Mäusebussarde, aber die Flügel sind gleichmäßiger breit, der Schwanz ist gerade abgeschnitten und er hat scharfe Ecken. Kennzeichnend ist ein weißer Fleck am Ansatz des Vorderflügels („Positionslicht"). Es kommen nebeneinander 2 Farbvarianten vor. Die in Westeuropa häufigere helle Variante weist eine

↑ Helle Variante

↑ Schwarz-Weiß-Kontrast auf dem Unterflügel

---

weißliche Unterseite auf und zeigt einen scharfen Kontrast zu den schwarzen Schwingen. Die in Osteuropa häufigere dunkle Variante ist unterseits einförmiger dunkelbraun gefärbt, nur die Flügelspitze ist etwas heller.

→ TYPISCH Zwergadler haben eine charakteristische Jagdweise: In großer Höhe stehen sie fast bewegungslos in der Luft und halten nach ihrer Beute Ausschau. Haben sie ein Beutetier erspäht, stürzen sie sich mit angelegten Flügeln in die Tiefe und ergreifen es am Boden. Zwar bestehen die Gelege oft aus 2 Eiern, fast immer gelingt jedoch nur die Aufzucht eines Jungvogels.

Wirkt im Sitzen schlank und langbeinig →

Habichtsadler

Aquila fasciata

Länge 55–65 cm, Flügelspannweite 145–165 cm
Stimme Ruft gereiht „gü-gü-gü-gü“, erinnert an Habicht (daher der Artname).
Nahrung Frisst v. a. Kaninchen, Hühnervögel und Tauben.
Vorkommen Seltener Brutvogel in Wald- und Bergregionen des Mittelmeerraums (v. a. in Spanien).

→ **TYPISCH** **Habichtsadler sind sehr gewandte Flieger. Altvögel leben ganzjährig in ihrem Brutrevier, Jungvögel streifen dagegen umher und halten sich abseits der Brutreviere auf. Aber nur wenige gelangen dabei über das normale Vorkommensgebiet hinaus bis nach Mitteleuropa.**

Kopf bis Brust weißlich, Oberseite und Beinbefiederung rotbraun →

Adlerbussard

Buteo rufinus

Länge 50–61 cm, Flügelspannweite 130–150 cm
Stimme Ruft „kiuu“ wie der Mäusebussard.
Nahrung Kleinsäuger, in Steppen v. a. Ziesel; auch Aas.
Vorkommen Bewohnt Steppen, Halbwüsten und trockene Gebirgsregionen in Nordafrika und vom Balkan aus ostwärts. Oft Jahresvogel, in Südosteuropa aber Zugvogel, der in Nordafrika oder in der Sahelzone überwintert.

→ TYPISCH Neben den rostrot gefärbten Vögeln gibt es v. a. im Osten des Verbreitungsgebiets eine Variante mit dunkelbraunem Gefieder und schwarzer Schwanzbinde. Nester werden meist in Felswänden oder auf Bäumen gebaut, in baumloser Steppe aber auch auf dem Boden.

Dunkler Bauch und heller Kopf – typisch für die meisten Raufußbussarde

Raufußbussard

Buteo lagopus

Länge 49–59 cm, Flügelspannweite 123–140 cm
Stimme Klagende Rufe ähnlich dem des Mäusebussards, aber etwas höher.
Nahrung Frisst im Brutgebiet v. a. Lemminge und Mäuse, im Winter Mäuse und Aas, gelegentlich auch Kleinvögel.
Vorkommen Brutvogel v. a. in der bergigen Tundra sowie in Mooren und Wäldern im Norden von Skandinavien und Russland. Zugvogel mit Überwinterung in Mittel- und Osteuropa, lebt dort in offener Landschaft mit Wiesen und Feldern.

Der Raufußbussard ist dem Mäusebussard sehr ähnlich, aber etwas langflügeliger. Das Gefieder ist weniger variabel und zeigt „kühlere“ Farbtöne. Kopf und Brust sind hell mit dunkler Strichelung, der Bauch ist schwärzlich. Charak-

↑ Hell-dunkler Kontrast: schwarze Endbinde am weißen Schwanz, Kopf hell, Oberseite „eisig“ graubraun

teristisch sind die schwarze Schwanzendbinde am weißen Schwanz und die befiederten Füße – nur die Zehen sind nackt und gelb. Bei der Nahrungssuche stehen Raufußbussarde viel häufiger als Mäusebussarde rüttelnd in der Luft, oft sitzen sie aber auch am Boden oder auf Zaunpfählen als Ansitz.

→ **TYPISCH** **Im Brutgebiet reagieren Raufußbussarde flexibel auf die Häufigkeit ihrer Hauptnahrung, der Lemminge. Gibt es wenig Nahrung, dann ist die Gelegegröße kleiner oder die Brut fällt ganz aus. Das Nahrungsangebot bestimmt auch, ob bzw. wie weit die Vögel im Herbst ziehen.**

Relativ kleiner Schnabel, das Auge kann hell oder dunkel sein →

Mäusebussard

Buteo buteo

Länge 46–58 cm, Flügelspannweite 110–132 cm
Stimme Ruft miauend „kiauu".
Nahrung Erbeutet in erster Linie Mäuse, aber auch andere Kleintiere wie Eidechsen, Amphibien, Jungvögel und Regenwürmer. Frisst auch Aas, darunter im Straßenverkehr verunglückte Tiere.
Vorkommen Jahresvogel in fast ganz Europa, in Nord- und Osteuropa allerdings Zugvogel (finnische Vögel ziehen bis Südafrika). Nistet in Baumbeständen aller Art, Nahrungssuche aber in der offenen Landschaft.

Kaum eine andere Vogelart weist eine so große Variabilität in der Gefiederfärbung auf wie der Mäusebussard. Zwischen fast vollständig dunkelbraunen und überwiegend weißen Vögeln gibt es zahllose Übergangsformen. Allen

Dunkle Variante mit hellem Brustband

Helle Variante

gemeinsam ist ein weißliches Brustband sowie auf der Unterseite des Flügels ein schwarzer Fleck am Flügelbug und ein dunkler Hinterrand. Altvögel haben zudem stets eine dunkle Binde am Schwanzende. Mit einem Brutbestand von etwa einer Million Paaren ist der Mäusebussard die häufigste Greifvogelart Europas.

→ TYPISCH Bei der Jagd halten Mäusebussarde am Boden oder auf Zaunpfählen sitzend nach Beutetieren Ausschau. Gelegentlich finden auch niedrige Suchflüge, seltener Rüttelflüge statt. Besonders typisch sind jedoch die kreisenden Flüge, die bei thermischen Aufwinden bis in große Höhe führen können.

Variable Färbung - einige Vögel sind an Kopf und Brust recht dunkel →

Wespenbussard

Pernis apivorus

Länge 52–59 cm, Flügelspannweite 113–135 cm
Stimme Zur Brutzeit pfeifende Rufe.
Nahrung Die Nahrung besteht zu einem großen Teil aus Wespenlarven und Waben, gefressen werden aber auch Frösche, Eidechsen und Würmer, selten kleine Säugetiere.
Vorkommen Brütet in Wäldern in fast ganz Europa, Nahrungssuche auch in der offenen Landschaft. Zugvogel mit Winterquartier im tropischen Afrika.

Wespenbussarde beobachten vom Ansitz aus, wie Wespen und Hummeln zu ihren Nestern fliegen. Diese scharren sie mit dem Fuß aus dem Boden, zudem können sie mit ihrem kleinen Kopf gut in den Boden eindringen. Wespen, Hummeln und ihre Larven fressen sie sofort, die Waben tragen sie als Futter für ihren Nachwuchs zum Nest. Dichtes Ge-

↑ Altvogel: Kopf klein, Unterflügel und Bauch oft stark gebändert, Schwanz relativ lang, viel Weiß vor der schwarzen Endbinde, schwarzer Bugfleck

fieder und Hornplatten an den Füßen schützen vor Stichen. Auf dem Zug fliegen Wespenbussarde oft in kleineren oder größeren Trupps. An Meerengen wie bei Fehmarn, Sizilien oder Gibraltar sowie am Bosporus lässt sich ein besonders starker Durchzug beobachten.

→ TYPISCH Die Gestalt des Wespenbussards ähnelt der des Mäusebussards, doch ist sein Kopf recht klein, Schwanz und Flügel sind etwas länger. Die Färbung der Unterseite variiert von Weiß bis Dunkelbraun. Die Flügel werden im Gleitflug leicht nach unten gehalten.

Ist der rostrote Schwanz aufgefächert, ⟶
zeigt er kaum noch eine Gabelung

Rotmilan

Milvus milvus

Länge 61–72 cm, Flügelspannweite 140–165 cm
Stimme Charakteristische pfeifende Rufserie „piuuu-wiu-wiu-wiu“.
Nahrung Frisst v. a. Aas, daneben Mäuse, Regenwürmer, Insekten und Fische.
Vorkommen Brütet in Wäldern und Feldgehölzen Mittel- und Südeuropas, Nahrungssuche in der offenen Landschaft. Oft Jahresvogel, in Deutschland und Südschweden überwiegend Zugvogel mit Überwinterung im Mittelmeerraum.

Rotmilane fangen zwar auch kleine Säugetiere, ernähren sich aber überwiegend von Aas. Nach diesem suchen sie in relativ niedrigem, oft gaukelndem Flug, bei dem sie häufig den Schwanz hin und her drehen. Oft sind Rotmilane an frisch gemähten Wiesen anzutreffen, weil dort durch die

↑ Typisch: helles Flügelfeld, Schwanz lang und tief gegabelt

Mahd kleine und große Wildtiere verendet sind. Die geringe Flughöhe macht sie besonders anfällig für Kollisionen mit Windenergieanlagen. Auch im Straßenverkehr kommen Rotmilane ums Leben, weil sie entlang der Straßen nach Verkehrsopfern suchen. Größere Ansammlungen gibt es mitunter an Mülldeponien, wo Milane zusammen mit Krähen und Möwen menschliche Nahrungsreste verwerten.

→ TYPISCH An günstigen Nahrungsplätzen wie gemähten Wiesen oder Müllplätzen sammeln sich oft mehrere Rotmilane. Vor allem außerhalb der Brutzeit suchen sie abends gemeinschaftliche Schlafplätze auf, an denen sich weit über 50 Vögel einfinden können.

Oberseite dunkel, aber helles Diagonalband auf dem Flügel →

Schwarzmilan

Milvus migrans

Länge 48–58 cm, Flügelspannweite 130–155 cm
Stimme Hoch wiehernd „wiii-hi-hi-hi-hi".
Nahrung Nimmt v. a. Aas zu sich, häufig in Gewässern treibende tote Fische. Frösche, Regenwürmer und Insekten werden selbst gefangen.
Vorkommen Brütet in Wäldern und Feldgehölzen in Süd-, Mittel- und Osteuropa. Nahrungssuche über Wiesen und Feldern, oft an Gewässern. Zugvogel mit Überwinterung südlich der Sahara in Afrika.

Der Schwarzmilan gehört zu den am weitesten verbreiteten Vogelarten. Außer in Europa kommt er in fast ganz Afrika, Asien und Australien vor. Ähnlich wie Rotmilane nehmen Schwarzmilane größtenteils Aas zu sich, das sie auf Wiesen und Feldern, aber auch auf Müllkippen und an Straßenrän-

↑ Typisch: das dunkelbraune Gefieder

dern suchen. Häufig sind sie auch an Flüssen und Seen zu beobachten, wo sie tote Fische von der Wasseroberfläche auflesen. Außerhalb der Brutzeit sammeln sich Schwarzmilane abends an Schlafplätzen, von denen aus sie ihre Nahrungsflüge in Entfernungen von über 30 km führen.

→ TYPISCH In Flugweise und Gestalt ähneln sich Schwarz- und Rotmilan. Der Schwarzmilan ist aber eher einfarbig dunkelbraun, nur Kopf und äußere Unterflügel sind aufgehellt, außerdem gibt es ein hellbraunes Band auf dem Oberflügel. Im Gegensatz zum Rotmilan ist sein Schwanz nur schwach gegabelt.

Im niedrigen Suchflug sind die Flügel V-förmig angehoben →

Rohrweihe

Circus aeruginosus

Länge 43–55 cm, Flügelspannweite 115–140 cm
Stimme Männchen ruft im oft sehr hohen Balzflug nasal „kjia".
Nahrung Frisst vorwiegend Mäuse, aber auch Amphibien und Eidechsen. Gelegentlich werden Nester von am Boden brütenden Vögeln geplündert.
Vorkommen Brütet meist in Gewässernähe in Schilfbeständen, mitunter auch in Getreidefeldern. In den meisten Teilen Europas, in der Regel Zugvogel mit Überwinterung im Mittelmeerraum und in Westafrika, in Westeuropa auch ganzjähriges Vorkommen.

Bei der Nahrungssuche fliegen Rohrweihen in geringer Höhe über Felder und Wiesen, gern auch über Schilfgürtel an Gewässern. Dabei sind die Flügel V-förmig aufgestellt, vielfach „schaukeln" die Vögel um die eigene Körperachse.

Weibchen: Scheitel und Vorderflügel creme-weiß, Gefieder dunkelbraun

Wenn sie ein Beuteobjekt erblicken, stürzen sie sich nach ruckartiger Kehrtwende zu Boden. Im Gegensatz dazu finden die von jauchzenden Rufen begleiteten Balzflüge des Männchens in großer Höhe statt. Oft sind sie dann kaum noch zu sehen und nur aufgrund ihrer Rufe zu entdecken. Nester werden stets am Boden gebaut. In der Regel legt das Weibchen 4–5 Eier, aber meist gelingt es nur, 2 oder 3 Jungvögel aufzuziehen.

→ TYPISCH Rohrweihen sind weniger schlank als andere Weihen, wirken aber trotzdem langschwänzig. Männchen zeigen braun-grau-schwarze Oberflügel und einen grauen Schwanz. Weibchen sind dagegen fast einfarbig dunkelbraun, nur am Flügelvorderrand und an der Kopfplatte gelblich.

Weibchen und Jungvögel sind auf der Oberseite braun →

Kornweihe

Circus cyaneus

Länge 42–55 cm, Flügelspannweite 97–118 cm
Stimme Beim Balzflug gereihte, keckernde oder pfeifende Laute, ansonsten wenig ruffreudig.
Nahrung Spezialisierung auf Mäuse und kleine, am Boden lebende Vögel.
Vorkommen Brütet in Mooren, Heiden, Dünen und Waldlichtungen, jagt aber bevorzugt über Feldern und Wiesen. Das Brutareal umfasst die meisten Regionen Europas, in Nord- und Osteuropa Zugvogel mit Überwinterung v. a. in Mittel- und Südeuropa.

Kornweihen sind Bodenbrüter und ziehen je nach Nahrungsangebot 3–7 Jungvögel auf. Im Winter verteilen sie sich weitläufig über Jagdgebiete in landwirtschaftlich genutzten Flächen, wo sie im für Weihen typischen gaukelnden

Weibchen: Flügel relativ breit, Unterflügel und Unterschwanz deutlich gestreift

Flug auf Nahrungssuche sind. Abends sammeln sich oft zahlreiche Kornweihen an Schlafplätzen, die sich häufig im Schilf befinden. Die Art ist in Skandinavien noch weit verbreitet, in Mitteleuropa dagegen als Brutvogel sehr selten geworden und vom Aussterben bedroht. Nordeuropäische Wintergäste sind in Mitteleuropa von September bis April anzutreffen.

→ TYPISCH Im Vergleich zu Wiesen- und Steppenweihen sind Kornweihen etwas größer und nicht ganz so schlank gebaut. Weibchen haben ein relativ großes weißes Bürzelfeld, die Kopfzeichnung ist im Vergleich zu den beiden anderen Arten eher unauffällig.

Bei Weibchen und Jungvögeln nur ein angedeuteter heller Kragen →

Wiesenweihe

Circus pygargus

Länge 39–50 cm, Flügelspannweite 96–116 cm
Stimme Keckernde Rufreihen beim Balzflug des Männchens.
Nahrung Mäuse sind die Hauptnahrung, doch werden auch große Insekten, Eidechsen und kleine Vögel erbeutet.
Vorkommen Brütet von Spanien bis Russland (nicht in Nordeuropa), kommt aber oft nur punktuell vor. Bewohnt verschiedene offene Landschaften wie Moore, Heiden und Felder. Zugvogel mit Überwinterung südlich der Sahara in Afrika.

Als Bodenbrüter bauen Wiesenweihen ihre Nester gern in Getreidefeldern. Spezielle Schutzprogramme sorgen dafür, dass solche Felder erst dann gemäht werden, wenn die Jungvögel ausgeflogen sind. Oft werden die Bruten auch mit Elektrozäunen gegen Füchse und andere räuberische Säugetiere geschützt. Nur so lassen sich mancherorts die

Weibchen: Oberseite braun, kleiner weißer Bürzelfleck, Schwanz lang und schmal

kleinen Brutbestände erhalten. Einige Brutgebiete werden nur in Jahren aufgesucht, in denen ausreichend Nahrung zur Verfügung steht. Beim Suchflug flach über Feldern und Wiesen sind die schmalen Flügel noch steiler V-förmig aufgestellt als bei der Kornweihe.

→ TYPISCH Wiesenweihen sind schlanker als Kornweihen, die Männchen zeigen schwarze Bänder auf Ober- und Unterflügel. Weibchen mit schmalem weißem Bürzelfeld, weißliches Feld um das Auge deutlicher als bei der Kornweihe, heller Kragen viel schwächer als bei der Steppenweihe.

Weibchen mit kontrastreichem Gesicht →

Steppenweihe

Circus macrourus

Länge 40–50 cm, Flügelspannweite 97–118 cm
Stimme Bei der Balz hohe Triller, daneben auch pfeifende Rufe.
Nahrung Erbeutet kleine Säugetiere wie Mäuse und Hamster, weicht bei Nahrungsknappheit auf kleine Vögel aus, gelegentlich auch auf Eidechsen und Insekten.
Vorkommen Brütet in Steppen, Halbwüsten und anderen offenen Lebensräumen von Osteuropa bis Mittelasien. Überwintert v. a. in der afrikanischen Sahelzone und in Südasien.

Ganz ähnlich den anderen Weihenarten fliegen Steppenweihen bei der Jagd mit V-förmig angehobenen Flügeln und hin- und herschaukelnd flach über dem Boden. Dadurch können sie ihre Beutetiere überraschen und sich mit einer schnellen Wendung auf sie stürzen. Da die als Beute

Weibchen: Armflügel dunkel, heller Kragen

bevorzugten Kleinsäuger je nach Jahr sehr unterschiedlich häufig sind, ist auch das Brutvorkommen räumlich recht variabel. In diesem Jahrhundert haben Steppenweihen ihr Brutareal nordwärts bis Finnland erweitert. Im Zusammenhang damit treten Steppenweihen inzwischen viel häufiger als früher als Durchzügler in Mitteleuropa auf.

→ TYPISCH Steppenweihen sind so schlank wie Wiesenweihen. Männchen sind weißlich bis hellgrau und am schwarzen Keil im Flügel erkennbar. Weibliche und junge Steppenweihen ähneln Wiesenweihen, haben aber eine markantere Kopfzeichnung mit hellem Kragen.

Jungvögel sind eher braun und auf der Unterseite gestrichelt →

Habicht

Accipiter gentilis

Länge 46–64 cm, Flügelspannweite 93–127 cm
Stimme Am Brutplatz gackernde, glucksende Rufreihen „kja-kja-kja-kja-…“.
Nahrung Erbeutet in erster Linie Vögel, v. a. Tauben und Rabenvögel, aber auch Kaninchen, Eichhörnchen und ähnlich große Säugetiere.
Vorkommen Brütet im Inneren von Nadel- und Mischwäldern in fast ganz Europa. Meist Jahresvogel, nur in Nordeuropa Zugvogel mit Wanderungen von bis zu 1000 km.

Bei der Jagd halten Habichte vom Ansitz aus oder in größerer Höhe fliegend nach Beutetieren Ausschau. Diesen nähern sie sich in schnellem Gleitflug und ergreifen sie im Überraschungsangriff oder nach kurzem Verfolgungsflug. Anschließend wird die Beute am Boden oder auf einem

Altvogel: Flügel breit und rundlich, Schwanzansatz breit, Schwanz lang und gerundet

starken Ast im Baum gerupft. Bei der Jungenaufzucht teilen sich die Geschlechter die Aufgaben: Das Weibchen brütet, bewacht und füttert die bis zu 5 Jungvögel, während das Männchen unermüdlich Nahrung für die ganze Familie heranschafft. Wenn die Nestlinge 3 Wochen alt sind, beteiligt sich auch das Weibchen an der Jagd.

→ TYPISCH Ihre Gestalt ähnelt der des Sperbers, doch sind Habichte größer und kräftiger, der Schwanz ist runder. Die Geschlechter sind sehr unterschiedlich groß: Weibchen sind etwa so groß wie ein Mäusebussard, Männchen viel kleiner und nur etwas größer als ein Sperber-Weibchen.

Weibchen: oben braun, heller Überaugenstreif

Sperber

Accipiter nisus

Länge 29–41 cm, Flügelspannweite 58–80 cm
Stimme Am Brutplatz schnelle, gackernde Rufreihen „ki-ki-ki-ki-ki-…“.
Nahrung Frisst überwiegend Singvögel wie Drosseln, Finken, Meisen und Sperlinge, in geringerer Zahl auch kleine Säugetiere und Insekten.
Vorkommen Brütet in Wäldern und Feldgehölzen in fast ganz Europa, jagt aber auch in halb offener Landschaft und in Siedlungen. Oft Jahresvogel, viele skandinavische Brutvögel ziehen zum Überwintern nach Mitteleuropa.

Sperber haben sich bei der Jagd auf Singvögel spezialisiert. In 5–10 m Höhe streifen sie suchend durch Gärten oder an Hecken und Waldrändern entlang. Haben sie ein Beutetier entdeckt, wird es im Überraschungsangriff überwältigt, ge-

Weibchen: Flügel breit und rundlich, Unterseite dunkel gebändert, Schwanzansatz schmal, Schwanz lang und eckig

gebenenfalls in wendigem Flug verfolgt und schließlich mit den langen Beinen ergriffen. Vor dem Verzehr werden die Beutevögel ausgiebig gerupft. Ihre Nester bauen Sperber nah am Stamm in Nadelbäumen. Bei der Aufzucht der 4–6 Jungvögel gibt es wie beim Habicht eine Arbeitsteilung. Das Männchen schafft die Nahrung herbei, während das Weibchen die Jungen im Nest betreut und füttert.

→ TYPISCH Größe und langer Schwanz erinnern an Falken, doch sind die Flügel deutlich breiter und am Ende gerundet. Männchen sind oberseits blaugrau, die viel größeren Weibchen – und ebenso die Jungvögel – dunkelbraun.

Weibchen mit dicht gebänderter Unterseite und dunklen Augen →

Kurzfangsperber

Accipiter brevipes

Länge 30–37 cm, Flügelspannweite 63–76 cm
Stimme Ruft gereiht nasal „kuwi-kuwi-kuwi-…“.
Nahrung Frisst Kleinvögel, Mäuse, Eidechsen und größere Insekten.
Vorkommen Sommervogel vom Balkan ostwärts bis zum Ural, Überwinterung in Nordostafrika. Bewohnt Laubwälder im Tiefland, v. a. in der Nähe von Bächen und Flüssen.

→ TYPISCH Auf dem Zug finden sich mitunter größere Trupps zusammen, die an schmalen Landbrücken über 1000 Tiere umfassen können. Teilweise findet der Zug auch nachts statt, sodass am Tag Zeit für die Nahrungssuche ist. Bei der Jagd fliegen sie niedrig an Waldrändern und Gebüschreihen entlang, um dann Überraschungsangriffe auf ihre Beutetiere zu starten.

Häufig im Rüttelflug, dabei schwarze Flügelspitzen gut erkennbar →

Gleitaar

Elanus caeruleus

Länge 31–36 cm, Flügelspannweite 71–85 cm
Stimme Ruft hoch pfeifend, auch fauchend „kwwää".
Nahrung Die Beute besteht aus Kleinsäugern, Vögeln, Eidechsen und Insekten.
Vorkommen Jahresvogel in Halbwüsten und anderen offenen Lebensräumen auf der Iberischen Halbinsel und in Frankreich, breitet sich nach Norden aus.

→ TYPISCH Mit nur etwa 2500 Paaren gehört der Gleitaar zu den seltensten Brutvögeln Europas. Nach Beute hält er vom Ansitz oder aus dem Rüttelflug Ausschau. Beim Beutefang gleitet er mit aufgestellten Flügeln zu Boden. Beim Balzflug schlägt das Männchen sehr langsam mit den Flügeln und erinnert dabei an einen Schmetterling.

FALKEN
schneller bestimmen

Falken haben alle einen recht ähnlichen Körperbau: Sie sind schlank mit schmalen Flügeln und langem Schwanz.

↓

Bei der Bestimmung der verschiedenen Arten helfen die Körpergröße, die Gefiederfärbung und die Flug- und Jagdweise.

Gefieder-farbe

Mit schmalen, spitzen Flügeln, langem Schwanz und schlankem Körper haben alle Falken eine ähnliche Struktur.
→ Manchmal hilft die Gefiederfärbung bei der Bestimmung, jedoch gibt es meist mehrere, sehr ähnliche Arten. Färbungsunterschiede treten bei manchen Arten zwischen Alt- und Jungvögeln oder zwischen den Geschlechtern auf.

Größe

Bei den Falken gibt es 2 Größenklassen: die „Großfalken" (wie der Wanderfalke) und die kleineren Arten (wie der Turmfalke). Am kleinsten ist der Merlin.
→ Achtung: Bei einigen Arten sind die Weibchen deutlich größer als die Männchen.

Flugweise

Die Flugweise bei der Nahrungssuche kann Hinweise zur Artbestimmung geben: Besonders Großfalken kreisen in größerer Höhe und stoßen von dort auf ihre Beute hinab.

⟶ Vor allem Turmfalken und Rotfußfalken „rütteln", d. h., sie stehen mit schnellem Flügelschlag und gesenktem Schwanz in der Luft.

⟶ Schnelle, wendige Verfolgungsflüge in der Luft dienen unter anderem Baumfalken und Eleonorenfalken zur Erbeutung von kleinen Vögeln und Insekten.

⟶ Ein rasanter, sperberähnlicher Verfolgungsflug flach über dem Boden ist typisch für Merline, die Kleinvögel jagen.

Männchen im typischen Rüttelflug →

Turmfalke

Falco tinnunculus

Länge 31–37 cm, Flügelspannweite 68–78 cm
Stimme Ruft durchdringend „ki-ki-ki-ki-ki-…".
Nahrung Ernährt sich in erster Linie von Mäusen, erbeutet aber häufig auch Eidechsen, kleine Vögel und große Insekten.
Vorkommen Brutvogel in ganz Europa. Oft Jahresvogel, aber nord- und osteuropäische Vögel ziehen im Herbst südwärts, manche bis in den Mittelmeerraum. Bewohnt verschiedenste offene und halb offene Lebensräume, häufig auch Städte.

Bei der Nistplatzwahl sind Turmfalken vielseitig, denn sie können eigene Nester in Felswänden, Gebäudenischen (oft auf Kirchtürmen) und in Nistkästen bauen, benutzen oft aber auch alte Krähennester auf Bäumen oder sogar Strom-

Weibchen: Kopf rotbraun, Ober- und Unterseite gefleckt

masten. Besonders im Flachland ist daher das Vorkommen von Krähen für Turmfalken sehr wichtig. Das Gelege besteht meist aus 4–6 Eiern. Wie viele Jungvögel aufgezogen werden können, hängt v. a. vom Nahrungsangebot ab. In Jahren mit geringem Vorkommen von Mäusen werden viele Bruten rasch wieder aufgegeben. In Höhlungen und Nistkästen ist der Bruterfolg oft besser als in offenen, ungeschützten Nestern.

→ TYPISCH Für den Turmfalken charakteristisch ist der Rüttelflug. Dabei steht er mit gefächertem Schwanz und schnellem Flügelschlag an einer Stelle in der Luft und stürzt sich, sobald er ein Beutetier erblickt, zu Boden.

Beim Männchen sind die Unterflügel heller als beim Turmfalken →

Rötelfalke

Falco naumanni

Länge 27–33 cm, Flügelspannweite 63–72 cm
Stimme Rufe ähnlich denen des Turmfalken, aber schneller.
Nahrung Frisst v. a. Insekten wie Käfer und Heuschrecken, daneben Eidechsen und Mäuse.
Vorkommen Sommervogel in Südeuropa, wo er Städte, Ruinen und Felswände besiedelt. Überwintert v. a. in Ost- und Südafrika, einige Vögel verweilen in Südspanien und Nordafrika.

→ TYPISCH Rötelfalken sind gesellige Vögel. Sie brüten in Kolonien – oft an Gebäuden – und sammeln sich außerhalb der Brutzeit an Schlafplätzen. Die Weibchen sind schwer von Turmfalken zu unterscheiden (Rötelfalken-Weibchen: Oberseitenfleckung dünner, Kopf heller, Krallen hell) .

Flügel spitz, am Ansatz aber breit →

Merlin

Falco columbarius

Länge 26–33 cm, Flügelspannweite 55–69 cm
Stimme Ruft schnell und leicht ansteigend „ki-ki-ki-ki-…“.
Nahrung Frisst Kleinvögel wie Finken, Pieper und Lerchen, im Brutgebiet auch Mäuse.
Vorkommen Brutvogel in Heiden, Mooren und lückigen Baumbeständen in Nordeuropa und Großbritannien. Zugvogel, der in Mittel- und Südeuropa überwintert und dort über Wiesen und Feldern jagt.

→ TYPISCH Singvögel erbeutet der Merlin in sehr schnellem Verfolgungsflug, der in geringer Höhe über offenes Gelände führt. Auch beim Zug über dem Meer werden Vögel gefangen und als Proviant zum nächsten Rastplatz mitgenommen.

Männchen im Rüttelflug →

Rotfußfalke

Falco vespertinus

Länge 28–34 cm, Flügelspannweite 65–76 cm
Stimme Ruft etwas nasal „gü-gü-gü-...".
Nahrung Erbeutet v. a. Insekten (Heuschrecken, Käfer, Schmetterlinge), seltener Vögel, Eidechsen und Frösche.
Vorkommen Brutvogel in halb offener Landschaft in Ost- und Südosteuropa, Überwinterung südlich der Sahara bis Südafrika. In vielen Jahren Einflüge nach Mitteleuropa.

Beim Rotfußfalken sind sehr unterschiedliche Gefiederfärbungen zu beobachten: Männchen sind bis auf den rostroten Unterschwanz fast einfarbig blaugrau, aber bei einjährigen Männchen sind die Unterflügel gebändert. Weibchen sind an der rostgelben Unterseite gut zu erkennen. Jungvögel (nicht abgebildet) ähneln Baumfalken, sind aber am Kopf heller und auf dem Rücken bräunlicher. In

Weibchen: Oberseite blaugrau, dunkel gebändert, Kopf und Unterseite rostgelb, Füße orange

Trupps sind diese Kleider oft nebeneinander zu sehen, sei es bei der gemeinschaftlichen Rast in Bäumen oder bei der Jagd im Flug. In der Luft gefangene Insekten werden ähnlich wie bei Baumfalken bereits im Flug verzehrt.

→ TYPISCH Rotfußfalken brüten oft in Kolonien, wobei sie häufig Baumnester von Saatkrähen benutzen. Auch bei der Jagd finden sie sich oft zu Gruppen zusammen. Gern halten sie von Bäumen aus nach Beute Ausschau, typisch ist aber auch der „Rüttelflug".

Dunkle Variante: fast vollständig schwarzbraun →

Eleonorenfalke

Falco eleonorae

Länge 36–42 cm, Flügelspannweite 87–104 cm
Stimme Rufreihe „gä-gä-gä-gä-...“, tiefer als beim Turmfalken.
Nahrung Frisst v. a. große Insekten und Vögel (in der Größe vom Laubsänger bis zum Wiedehopf).
Vorkommen Brütet kolonieartig in Felswänden, fast ausschließlich auf Inseln im Mittelmeer. Überwinterung v. a. auf der 9000 km entfernten Insel Madagaskar.

→ TYPISCH Die Brutzeit beginnt spät und fällt mit dem starken herbstlichen Vogelzug über dem Mittelmeer zusammen. Denn Eleonorenfalken ziehen ihren Nachwuchs mit Vögeln auf, die sie bei deren Zug mithilfe rasanter Sturzflüge erbeuten.

Flügel schmal, von unten dicht gebändert →

Baumfalke

Falco subbuteo

Länge 29–35 cm, Flügelspannweite 70–84 cm
Stimme Scharfe Rufreihen „kju-kju-kju-kju-…“.
Nahrung Jagt hauptsächlich Schwalben, Mauersegler und Libellen.
Vorkommen Sommervogel in den meisten Teilen Europas, besiedelt verschiedene offene und halb offene Lebensräume, jagt aber besonders gern in Gewässernähe. Langstreckenzieher mit Überwinterung im tropischen Afrika.

→ **TYPISCH** **Bei der Jagd fliegen Baumfalken schnell und wendig in der Luft umher, erbeutete Libellen verzehren sie noch in der Luft. Gebrütet wird meist in alten Krähennestern, manchmal auch kurz nach dem Ausfliegen der jungen Krähen.**

Der Bartstreif des Wanderfalken ist relativ breit und rundlich →

Wanderfalke

Falco peregrinus

Länge 38–51 cm, Flügelspannweite 89–113 cm
Stimme Ruft gereiht „grä-grä-grä-grä-...“, rauer als Turmfalke.
Nahrung Erbeutet v. a. mittelgroße Vögel, sehr häufig Tauben.
Vorkommen In den meisten Gebieten Europas Jahresvogel in Wald- und Bergregionen, aber auch in Städten. Nordeuropäische Vögel überwintern weiter südlich auf dem Kontinent.

Wanderfalken brüten auf allen Kontinenten außer der Antarktis und gehören zu den am weitesten verbreiteten Vogelarten. Illegaler Fang und Umweltgifte gefährdeten die Art in vielen Teilen Europas, doch haben Schutzmaßnahmen und Verbote bestimmter Chemikalien zu einer

↑ Jungvogel: Flügel breit und spitz, Schwanz für einen Falken relativ kurz, Unterseite bräunlich getönt und dunkel gefleckt

Erholung der Bestände geführt. Heute brüten sie häufig in Nistkästen an hohen Gebäuden wie Kirchen, Funkmasten und Schornsteinen und sind vielerorts Stadtvögel geworden. Die meist 3–4 Jungvögel werden bis zu 6 Wochen lang im Nest betreut, aber auch nach dem Ausfliegen noch mehrere Wochen lang gefüttert.

→ **TYPISCH** **Weibchen sind deutlich größer als Männchen und jagen entsprechend größere Vögel. Beim Suchflug kreisen Wanderfalken in größerer Höhe, aus der sie mit angelegten Flügeln auf die Beute hinabstoßen und dabei bis zu 300 km/h erreichen.**

Der Bartstreif ist oft nur angedeutet →

Würgfalke

Falco cherrug

Länge 47–55 cm, Flügelspannweite 105–129 cm
Stimme Ähnlich dem Wanderfalken, aber Rufreihen etwas langsamer.
Nahrung Erbeutet Vögel bis zur Größe kleiner Reiher und Säugetiere bis zur Größe von Hasen.
Vorkommen Lebt in Steppen, offenem Waldland und in Schluchten vom Balkan bis Zentralasien. Überwinterung v. a. im Nahen Osten und im Nordosten Afrikas.

→ TYPISCH Die wichtigsten Beutetiere sind Ziesel, Hamster und Hühnervögel, nach denen Würgfalken vom Ansitz aus, im Suchflug oder im Rüttelflug spähen. Abnehmende Zieselbestände in den südosteuropäischen Steppen haben zum Rückgang der Art geführt.

Unterseite relativ hell, aber dunkles Band auf dem Unterflügel →

Lannerfalke

Falco biarmicus

Länge 43–50 cm, Flügelspannweite 95–105 cm
Stimme Wenig ruffreudig, nur am Brutplatz sind leise gackernde Rufreihen zu hören.
Nahrung Frisst meist mittelgroße Vögel wie Tauben, Elstern oder Enten, seltener Reptilien oder Insekten.
Vorkommen Lebt ganzjährig in den meisten Anrainerstaaten des Mittelmeers und bewohnt dort Steppen, Wüsten und karge Gebirge.

→ TYPISCH Mit nur etwa 300 Paaren ist der Lannerfalke einer der seltensten Greife in Europa, doch es gibt größere Brutbestände in anderen Teilen des Verbreitungsgebiets. Gebrütet wird fast immer in Nischen oder Höhlungen steiler Felswände, gelegentlich auch in alten Krähennestern auf Bäumen.

Grönländische Gerfalken sind fast weiß →

Gerfalke

Falco rusticolus

Länge 53–63 cm, Flügelspannweite 109–134 cm
Stimme Gereiht „kja-kja-kja-kja-...", tiefer als Wanderfalke.
Nahrung Frisst Vögel wie Schneehühner, Enten und Möwen, aber auch kleine Säugetiere, insbesondere Lemminge.
Vorkommen Jahresvogel an der Küste, im Gebirge und in der Tundra von Skandinavien, Nordrussland und Island (auch Grönland, Nordamerika und Sibirien). Nur selten sind Gerfalken deutlich südlich der Brutgebiete anzutreffen.

Gerfalken sind fast bussardgroß und damit die größten Falken. Mit ihren breiten, stumpf endenden Flügeln und dem im Flug dick erscheinenden Bauch wirken sie viel kräftiger als die anderen eher schlanken Falken. Die Gefiederfärbung unterscheidet sich zwischen den Brutgebieten. Während die Grundfarbe bei Vögeln in Grönland und Sibirien

↑ Altvogel: Flügel breit und rundlich, Unterflügel kontrastreich. Unterseite gepunktet, Schwanz relativ kurz

---

Weiß ist, sind die Vögel in Island hellgrau mit weißlicher Musterung. Gerfalken in Skandinavien und Nordrussland sind dunkelgrau mit hellgrauer Zeichnung. In Gefangenschaft kommt es zur Hybridisierung mit anderen Falkenarten, sodass entflogene Vögel oft schwer zu bestimmen sind.

→ TYPISCH Gerfalken brüten zwar auch auf Bäumen oder sogar am Boden, bevorzugen aber steile Felswände als Nistplätze. Obwohl die Nester dadurch schwer zu erreichen sind, wurden viele Jungvögel von Wilderern geraubt, um sie der Falknerei zuzuführen.

Register

Bildnachweis

Fotos von: **Blickwinkel über Hecker: Audevard (1):** 86 groß; **Carrasco (1):** 40 klein; **Diez (5):** 25 oben rechts, 36 klein, 38 groß, 48 klein, 62 klein; **Eckstein (1)**: 28 klein; **Forsman (5):** 48 groß, 69, 72 groß, 88 groß, 89; **Ghignone (1):** 15 klein; **Hartl (1):** 55; **Jones (1):** 32 klein; **Kuehn (1):** 54 groß; **Layer (1):** 87 groß; **Mahlke (1):** 35; **Martin (7):** 15 groß, 31 groß, 33 beide, 37 klein, 46 klein, 54 klein; **Meyers (1):** 23 groß; **Monticelli (1):** 34 klein; **Muth (2):** 20 groß, 21; **Muukkonen (1):** 10 klein; **Occhiato (3)**: 46 groß, 49 klein, 70 klein; **Pattyn (3):** 8 groß, 24 oben, 27 groß; **Riemer (1):** 26 groß; **Schaef (1):** 40 groß; **Steijn (1):** 66 groß; **Varesvuo (9):** 11 beide, 22 beide, 23 klein, 30 groß, 32 groß, 39, 44 groß; **Walch (1):** 28 groß; **Woike (6):** 29, 34 groß, 36 groß, 47 beide, 59; **Wothe (1):** 88 klein; **Zoller (2):** 75 ganz oben, 84 groß. **Buchhorn/Hecker (14):** 4 unten, 7, 16 klein, 17, 24 Mitte, 25 unten, 42 beide, 43, 45, 60 klein, 61, 62 groß, 64 groß. **Deshmukh (1):** 66 klein. **Halley (1):** 38 groß. **Hecker (27):** 4 oben, 5 alle, 8 klein, 13 klein, 14 groß, 16 groß, 18 beide, 19 beide, 20 klein, 24 unten, 25 oben, 25 Mitte, 38 klein, 52 beide, 53 beide, 56 beide, 57, 64 klein, 71, 74 oben. **Hlasek (31):** 5 oben rechts, 6 beide, 10 groß, 12 beide, 13 groß, 14 klein, 41 klein, 44 klein, 49 groß, 50 beide, 51, 58 beide, 60 groß, 63, 68 groß, 70 groß, 73 beide, 76 beide, 78 groß, 79 groß, 80 beide, 83 klein, 86 klein, 87 klein. **Jeganathan (2):** 30 klein, 31 klein. **Kollmann (1):** 77. **Mestel/Hecker (4):** 9, 75, 83 groß, 85. **Mykkhailo (1):** 67. **Patibanda** (1): 65. **Pröhl/fokus-natur (2):** 72 klein, 82 klein. **Schmidt/Hecker (3):** 68 klein, 74 unten, 84 klein. **Sharp (5):** 26 klein, 27 klein, 78 klein, 81, 82. **Wothe (1)**: 79 klein.

Illustrationen von **Shutterstock** (2): vordere Umschlagklappe (innen) links und rechts oben), **Stefanie Wawer** (4): vordere Umschlagklappe (innen) rechts unten, 2, 3 beide) und **Paschalis Dougalis** (47): S. 96, hintere Umschlagklappe innen.

Impressum

Umschlaggestaltung von GRAMISCI Editorial Design (Claudia Geffert), München, unter Verwendung eines Farbfotos von Hannes Bonzheim (es zeigt einen Steinkauz).

Die Fotos auf der Umschlagklappe vorne außen und das Foto auf der Umschlagklappe vorne innen links stammen aus dem Innenteil.

Mit 157 Farbfotos und 53 Illustrationen.

Unser gesamtes lieferbares Programm finden Sie unter **kosmos.de**. Über Neuigkeiten informieren Sie regelmäßig unsere Newsletter, einfach anmelden unter **kosmos.de/newsletter**.

DER NATURFÜHRER No. 1*

*Quelle: Media Control MC Metis, DACH, FY 2024, WG 42-Natur, Umsatz

FSC www.fsc.org MIX Papier | Fördert gute Waldnutzung FSC® C110508

Gedruckt auf chlorfrei gebleichtem Papier

Pfizerstraße 5–7, 70184 Stuttgart
kosmos.de/servicecenter

ISBN 978-3-440-17689-4
Projektleitung: Claudia Salata
Redaktion und Satz: Barbara Kiesewetter, Redaktionsbüro, München
Produktion: Markus Schärtlein
Gestaltungskonzept: GRAMISCI Editorial Design (Claudia Geffert), München
Druck und Bindung: Westermann Druck, Zwickau
Printed in Germany / Imprimé en Allemagne